# BEI GRIN MACHT SICH IHR WISSEN BEZAHLT

- Wir veröffentlichen Ihre Hausarbeit,
  Bachelor- und Masterarbeit

- Ihr eigenes eBook und Buch -
  weltweit in allen wichtigen Shops

- Verdienen Sie an jedem Verkauf

Jetzt bei www.GRIN.com hochladen
und kostenlos publizieren

Simon Knieps

# Innovative Trends in der Automobilindustrie. Elektromobilität in Deutschland

**Bibliografische Information der Deutschen Nationalbibliothek:**

Die Deutsche Bibliothek verzeichnet diese Publikation in der Deutschen National-
bibliografie; detaillierte bibliografische Daten sind im Internet über http://dnb.d-
nb.de/ abrufbar.



**Impressum:**

Copyright © 2013 GRIN Verlag GmbH
Druck und Bindung: Books on Demand GmbH, Norderstedt Germany
ISBN: 978-3-656-53624-6

# WESTFÄLISCHE WILHELMS-UNIVERSITÄT MÜNSTER
## Wirtschaftswissenschaftliche Fakultät

**Schriftliche Hausarbeit im Rahmen der Veranstaltung**

**Grundlagen von Forschung, Technologie und Innovation**

# Innovative Trends in der Automobilindustrie
# Elektromobilität in Deutschland

Institut für betriebswirtschaftliches Management

im Fachbereich Chemie und Pharmazie

Vorgelegt von:

Simon Knieps

Eingereicht am: 15.01.2013

# Inhaltsverzeichnis


Inhaltsverzeichnis ........................................................................................................... II

Abbildungsverzeichnis .................................................................................................. III

Abkürzungsverzeichnis ................................................................................................. IV

1 Einleitung ..................................................................................................................... 1

2 Ausgewählte Arten des elektrischen Antriebs .............................................................. 2

3 Technologische Leistungsfähigkeit ............................................................................... 4

4 Implikation für die Automobilindustrie in Deutschland ............................................... 6

5 Fazit ............................................................................................................................. 7

Literaturverzeichnis ....................................................................................................... 8

# Abbildungsverzeichnis


Abb. 1: Übersicht verschiedener Antriebstechnologien .......................................................... 2

Abb. 2: Das S-Kurvenkonzept ................................................................................................. 5

# Abkürzungsverzeichnis

BEV       Battery Electric Vehicle

BRIC      Brasilien, Russland, Indien, China

$CO_2$      Kohlenstoffdioxid

$H_2$      Wasserstoff

Hybrid     Fahrzeug mit Verbrennungs- und Elektromotor als Antrieb

FCEV      Fuel Cell Electric Vehicle

REEV      Range Extended Electric Vehicle

PHEV      Plug-in-Hybrid

# 1 Einleitung

Umweltbelastung und der Klimawandel sowie die Verknappung und Verteuerung der fossilen Brennstoffe wie Erdöl sind große Herausforderungen dieses Jahrhunderts. Die heute auf den Verbrennungsmotor basierende Individualmobilität nimmt trotz der verursachten Probleme wie $CO_2$-Emissionen und Ressourcenverbrauch weltweit weiter zu. Besonders stark ist dieser Trend in den aufstrebenden Entwicklungsnationen, allen voran in den BRIC-Staaten.[1] Dabei steuert die Politik in Europa aktiv mit Umweltschutzvorschriften und Förderung der Elektromobilitätsforschung gegen.[2]

Die Elektromobilität hat das Potential eine umweltfreundliche und auf Dauer bezahlbare Alternative zu sein, welche die erdölverbrauchende Technologie des Verbrennungsmotors zu verdrängen vermag. Jedoch fristet sie noch auf unseren Straßen ein Nischendasein.[3]

Zu Beginn werden ausgewählte Arten des elektrischen Antriebs aufgezeigt, anhand derer sich im Folgenden das Technologiepotential abschätzen lässt. Dabei ist Ziel dieser Arbeit aufzuzeigen, welche bestehenden Technologien verbessert werden müssen um der Elektromobilität zum Durchbruch zu verhelfen. Die fortschreitende Elektrifizierung führt zu Veränderungen, welche im Kapitel Implikationen für die Automobilindustrie in Deutschland analysiert werden.

---

[1] Vgl. Organisation International des Constructeurs d'Automobiles (2012).
[2] Vgl. Bundesministeriums der Justiz (2006), Bundesregierung (2011) und Europäisches Parlament, Rat (2009).
[3] Vgl. Kraftfahrbundesamt (2012).

# 2 Ausgewählte Arten des elektrischen Antriebs

**Abb. 1: Übersicht verschiedener Antriebstechnologien**

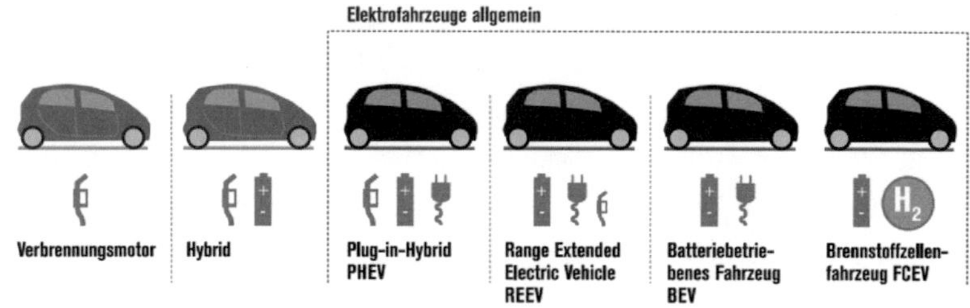


Quelle: Nationale Plattform Elektromobilität (2012), S. 7.

Abbildung 1 gibt eine Übersicht über verschiedene Antriebstechnologien.[4] Alle Arten von Fahrzeugen, welche mit einem Verbrennungsmotor ausgestattet sind, haben ein Zapfventil als Symbol. Fahrzeuge mit dem Batteriesymbol haben einen Elektromotor und Speicherbatterien, welche stets auch zur Rückgewinnung der Bremsenergie genutzt werden. Das Steckersymbol bedeutet die Möglichkeit des Ladens der Batterie über das Stromnetz und das $H_2$-Symbol steht für Fahrzeuge, deren Elektromotor primär von Energie einer Brennstoffzelle versorgt wird. Elektrofahrzeuge sind solche, mit denen rein elektrisches Fahren möglich ist.[5]

Der Verbrennungsmotor ist mit weitem Abstand die meistverwendete Antriebstechnologie. Beispielsweise in Deutschland sind von 42.927.647 zugelassenen PKWs 42.343.394 reine Benzin oder Dieselfahrzeuge.[6] Die Energiedichte von Diesel und Benzin ist hoch, sodass trotz niedrigen Wirkungsgrades eine hohe Reichweite mit einer Tankfüllung möglich ist.[7] Mit 14.367 Tankstellen 2012 in Deutschland ist das Tankstellennetz sehr gut ausgebaut.[8]

---

[4] Vgl. hier und im Folgenden Nationale Plattform Elektromobilität (2012), S. 7.
[5] Vgl. **Schill (2010), S. 141 und** Roland Berger (2011), S. 9.
[6] Vgl. Kraftfahrbundesamt (2012).
[7] Vgl. Grote, Feldhusen (2011) S. 19 und Ministerium für Umwelt, Klima und Energiewirtschaft Baden-Württemberg (2012).
[8] Vgl. ADAC (2012).

Hybrid- sind keine Elektrofahrzeuge, da die Antriebsenergie primär beim Fahren durch den Verbrennungsmotor erzeugt wird. Die elektrische Reichweite ist mit 2-3 km gering. Bei niedrigen Geschwindigkeiten, wie beispielsweise dem Stop-and-go-Verkehr in Städten, ist der Elektromotor effizienter. Bei höheren Geschwindigkeiten und gleichbleibender Belastung ist der Verbrennungsmotor geeigneter. Da beide Antriebstechniken verbaut sind ist ein Hybrid in der Anschaffung teurer als ein KFZ mit reinem Verbrennungsmotorantrieb, durch den Elektroantrieb bei niedrigen Geschwindigkeiten sinkt jedoch der Kraftstoffverbrauch.[9]

Im Unterschied zum Hybrid ist der Plug-in-Hybrid ein Elektrofahrzeug, da es Energie zum Aufladen der Batterien über das Stromnetz beziehen kann. Die elektrische Reichweite liegt bei 50–70 km und die elektrische Höchstgeschwindigkeit bei 70 km/h, wobei der Verbrennungsmotor weitere Strecken und höhere Geschwindigkeiten ermöglicht.[10]
Im Range Extended Electric Vehicle ist im Unterschied zu den Hybriden nur ein Elektromotor zum Fahrzeugantrieb verbaut. Sollte die elektrische Reichweite von 80 km überschritten werden wird Strom durch ein mit Kraftstoff betriebenen Generator bereitgestellt.[11]

Beim der Antriebsart des batteriebetriebenen Fahrzeugs ist die einzige Stromquelle des elektrischen Motors die Batterien des KFZs, welche über das Stromnetz beim Parken aufgeladen werden.[12] Akkus haben eine geringere Energiedichte als Diesel oder Benzin, weshalb die durchschnittliche optimale Reichweite 120 km beträgt.[13] Um die Reichweite zu erhöhen müssen leistungsstärkere, schwerere Batterien verbaut werden. Durch die Gewichtserhöhung sinkt jedoch die Reichweite wieder. Um das Problem der begrenzten Reichweite zu umgehen ist beispielsweise der Ansatz des Unternehmens Better Place die Batterien des Autos an Tankstellen in wenigen Minuten auszutauschen um so auch die lange Ladezeit von mehreren Stunden zu vermeiden.[14]

---

[9] Vgl. Nationale Plattform Elektromobilität (2012), S. 7 und Robert Bosch GmbH (2010a).
[10] Vgl. Nationale Plattform Elektromobilität (2012), S. 7 und Robert Bosch GmbH (2010b).
[11] Vgl. Nationale Plattform Elektromobilität (2012), S. 7 und Robert Bosch GmbH (2010c).
[12] Vgl. Nationale Plattform Elektromobilität (2012), S. 7 und Robert Bosch GmbH (2010d).
[13] Vgl. Nationale Plattform Elektromobilität (2011), S. 19.
[14] Vgl. Better Place (2012).

Beim Brennstoffzellenfahrzeug erhält der Elektromotor Energie aus einer Brennstoffzelle, welche mit Wasserstoff betrieben wird.[15] Die chemische Reaktion von Wasser- und Sauerstoff in der Zelle liefert die elektrische Energie.[16] Durch die hohe Energiedichte von Wasserstoff liegt der Vorteil in der hohen Reichweite.[17] Die Kosten bei der Wasserstofftechnologie sind jedoch so hoch, dass eine Marktdurchdringung unwahrscheinlich ist. Deshalb wird im Folgenden nicht weiter auf diese Technologie eingegangen. So zeigt eine Studie, dass die Gesamtkosten eines FCEV pro gefahrenen Kilometer bei 2 € bis 2,4 € liegen. Beim BEV sind es 0,36 €/km und beim konventionellen Dieselauto ca. 0,24 €/km.[18] Auch fehlt ein flächendeckendes Tankstellennetz.[19]

# 3 Technologische Leistungsfähigkeit

Gemessen am Wirkungsgrad von bis zu 95% ist der Elektromotor ein reifes Produkt, welches in zahlreichen Gebieten wie in der Industrie seit langem verwendet wird.[20] Verbrennungsmotoren hingegen haben einen Wirkungsgrad von bis zu 41%.[21] Dieser Wirkungsgrad ist nicht auf das Niveau von Elektromotoren steigerbar, da bei dem Verbrennungsprozess neben der mechanischen viel thermische Energie entsteht und zurzeit der maximale Wirkungsgrad ca. 50% beträgt.[22] So ist die technische Herausforderung nicht der Elektromotor, sonder wie diesem die benötigte elektrische Energie effizient zur Verfügung gestellt wird. Die heutigen Batterien verhindern wegen hohen Kosten und geringer Reichweite den Durchbruch der Elektromobilität.[23] Batterien haben ein hohes technologisches Potential und die Weiterentwicklung ist deshalb von entscheidender Bedeutung.[24]

---

[15] Vgl. hier und im Folgenden Nationale Plattform Elektromobilität (2012), S. 7.
[16] Vgl. Grote, Feldhusen (2011), S. 26 f.
[17] Vgl. Klell (2005), S.3.
[18] Vgl. Ajanovic (2007), S.444 ff.
[19] Vgl. Klell (2005), S. 11.
[20] Vgl. EnergieArgentur.NRW (2010) und Roland Berger (2011), S. 9.
[21] Vgl. Friedrich, Petersen (2009), S. 18.
[22] Vgl. hier und im Folgenden Grote, Feldhusen (2011), S. 19.
[23] Vgl. Schill (2010), S. 151.
[24] Vgl. Deutsche Bank Research (2011), S. 5 ff.

**Abb. 2: Das S-Kurvenkonzept**

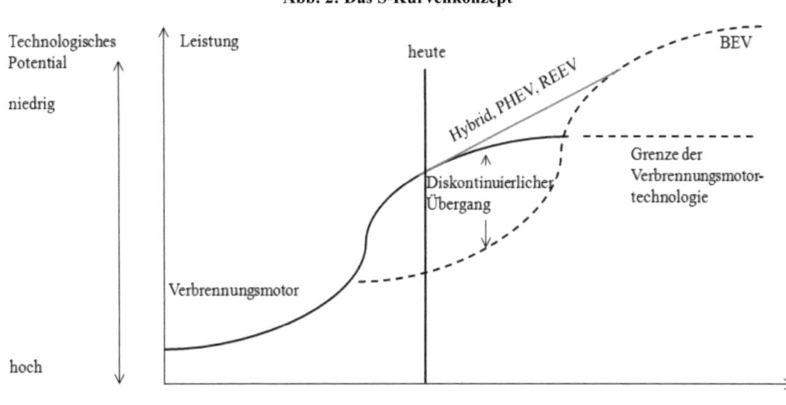


In Anlehnung an Brockhoff (1999), S. 185-196.

Im oben angeführten S-Kurvenkonzept werden die Leistungspotentiale der verschiedenen Antriebstechnologien verdeutlicht. Da es sich um ein didaktisches Visualisierungskonzept handelt wird auch der Begriff Leistung weiter gefasst als die Summe der relevanten Vorteile (Gesamtkosten, Energieeffizienz, Reichweite, usw.). Als Antriebstechnologie wird die Einheit aus Motor und Energiequelle, also Verbrennungsmotor und fossile Kraftstoffe sowie Elektromotor und Batterie gesehen.

Wie weiter oben festgestellt und in Abbildung 2 verdeutlicht, ist das technologische Potential des Verbrennungsmotors aktuell unter dem der BEVs.[25] Dies führt zu einem diskontinuierlichen Übergang. Hier stellt die Hybrid- eine Übergangstechnologie dar, welche es ermöglicht, ein Optimum an Leistung während des diskontinuierlichen Übergangs durch Kombination der Techniken zu erreichen. Der Markterfolg des Hybrid Toyota Prius ist dafür ein anschauliches Beispiel.[26] So ermöglichen es die Hybridtechniken den Herstellern, benzinsparende Autos profitabel zu verkaufen und dadurch Erfahrung mit der Elektromobi-

---

[25] Vgl. hier und im Folgenden Deutsche Bank Research (2011), S. 27 und Schill (2010), S. 141 f.
[26] Vgl. Toyota Motor Corporation (2011).

lität zu sammeln. Durch die zunehmende Hybridfertigung steigt der Erfahrungskurveneffekt bei Batterien und senkt deren Preis, wodurch wiederum die Attraktivität von Fahrzeugen mit mehr elektrischem Antrieb steigt.[27] Der Übergang vom Verbrennungsmotor bis zum BEV wird sich wahrscheinlich nicht radikal, sondern inkrementell über die Stufen Hybrid, PHEV und REEV vollziehen.

Wenn der Strom des BEV in konventionellen Kraftwerken hergestellt wird, welche in der Regel einen Wirkungsgrad von unter 60% aufweisen, erodieren die Wirkungsgrad- und $CO_2$-Vorteile der Elektromobilität. So führt das BEV heute nur zu einer geringen Senkung der $CO_2$-Emission und liegt mit 120 bis 150 g $CO_2$/km auf annähernd gleichem Niveau wie Verbrennungsmotoren. Dies wird sich aber durch den politisch beschlossenen laufenden Ausbau der regenerativen Energien zu Gunsten der Elektromobilität veränder.[28]

## 4 Implikation für die Automobilindustrie in Deutschland

Die stufenweise Elektrifizierung des Automobils hat das Potential, den Wertschöpfungsanteil der deutschen Automobilindustrie zu erhöhen, da sich Hybrid, PHEV REEV und das BEV in der genannten Reihenfolge durch steigende Anschaffungskosten und sinkende Treibstoffkosten auszeichnen.[29] Deutsche Unternehmen sind sehr stark im konventionellen Automobilbau aufgestellt, jedoch verändert sich die Wertschöpfungskette grundlegend.[30] Hybrid und PHEV benötigen beispielsweise einen Verbrennungsmotor und einen Elektromotor. Da der Elektromotor wesentlich weniger komplex ist als der Verbrennungsmotor benötigt das BEV insgesamt weniger mechanische Teile.[31] Je elektrischer der Antrieb, desto kleiner sind die mit der Mechanik verbundenen Kosten und desto größer ist der Anteil der Batterien an den Kosten und somit an der Gesamtwertschöpfung. Da sich momentan die Batteriefertigung fest in asiatischer Hand befindet, kann die deutsche Automobilindustrie

---

[27] Vgl. Roland Berger (2011), S. 16 ff.
[28] Vgl. Friedrich, Petersen (2009), S. 29f und Grote, Feldhusen (2011), S. 19ff.
[29] Vgl. Nationale Plattform Elektromobilität (2011), S. 31.
[30] Vgl. Deutsche Bank Research (2011), S.7.
[31] Vgl. hier und im Folgenden Roland Berger (2011), S. 22 ff.

das Wertschöpfungspotential nur heben, wenn sie auch die Batterien herstellt. Andernfalls sinkt der Wertschöpfungsanteil, da Teile wie Auspuff, Zündkerze usw. nicht Bestandteil des BEVs sind.

Da die deutsche Automobilindustrie naturgemäß keine Kernkompetenz in der Batterietechnologie hat, empfehlen sich diagonale Kooperationen, wie beispielsweise das Joint Venture zwischen Daimler und Evonik im Bereich der Batterieproduktion.[32] Vertikale Kooperationen wie das Joint Venture zwischen Daimler und Bosch zur Herstellung von Elektromotoren senken das Entwicklungs-, die zwischen Opel und Europcar das Abnehmerrisiko.[33] Horizontale Kooperationen zwischen Automobilherstellern können die Entwicklungskosten senken. Im Vordergrund sollten auch Kooperation mit der Wissenschaft stehen, wie beispielsweise das Projekt MEET Hi-EnD der Universität Münster.[34]

# 5 Fazit

In den kommenden Jahren wird sich das Automobil fortlaufend elektrifizieren. Dabei wird sich der Übergang vom Verbrennungsmotor bis zum BEV inkrementell über die Stufen Hybrid, PHEV und REEV vollziehen. Deutsche Unternehmen sind sehr stark im mechanischen, konventionellen Automobilbau. Um auch in Zukunft im Bereich Automobil führend zu sein muss die Batterie- als Schlüsseltechnologie beherrscht werden. Dafür sollte die deutsche Automobilindustrie Kooperationen eingehen, insbesondere mit der starken deutschen chemischen Industrie und der Wissenschaft.[35]

---

[32] Vgl. Roland Berger (2011), S. 11 ff.
[33] Vgl. Adam Opel AG (2012).
[34] Vgl. MEET - Münster Electrochemical Energy Technology (2012) und nationale Plattform Elektromobilität (2011), S. 18.
[35] Vgl. Roland Berger (2011), S. 16 ff.

# Literaturverzeichnis

ADAC (2012): Entwicklung der Tankstellenanzahl seit 1965 in Deutschland, http://www.adac.de/infotestrat/tanken-kraftstoffe-und-antrieb/probleme-tankstelle/anzahl-tankstellen-markenverteilung/default.aspx, Abruf: 11.01.2013

ADAM OPEL AG (2012): Opel Ampera ab sofort als Mietwagen bei Europcar, http://www.opel.de/opel-erleben/ueber-opel/auszeichnungen/2012/may/opel_ampera_europcar.html, Abruf: 12.01.2013

AJANOVIC, AMELA (2007): Vergleich von Energiesystemen mit Wasserstoff aus erneuerbarer Energie, in: e & i Elektrotechnik und Informationstechnik,124/12, S.443-447.

BETTER PLACE (2012): How it Works, http://www.betterplace.com/How-it-Works, Abruf: 12.01.2013

BUNDESMINISTERIUMS DER JUSTIZ (2006), Fünfunddreißigste Verordnung zur Durchführung des Bundes-Immissionsschutzgesetzes (Verordnung zur Kennzeichnung der Kraftfahrzeuge mit geringem Beitrag zur Schadstoffbelastung - 35. BImSchV), http://www.gesetze-im-internet.de/bundesrecht/bimschv_35/gesamt.pdf, Abruf: 11.01.2013

BUNDESREGIERUNG (2011): Regierungsprogramm Elektromobilität, http://www.bmbf.de/pubRD/programm_elektromobilitaet.pdf, Abruf: 11.01.2013

BROCKHOFF, KLAUS, (1999): Forschung und Entwicklung – Planung und Kontrolle, 5. Aufl., München, Oldenburg

DEUTSCHE BANK RESEARCH (2011): Elektromobilität - Sinkende Kosten sind conditio sine qua non, http://www.dbresearch.de/MAIL/DBR_INTERNET_DE-PROD/PROD0000000000277861.pdf, Abruf: 11.01.2013

ENERGIEARGENTUR.NRW (2010): Wirkungsgradklassen für Elektromotoren, http://www.energieagentur.nrw.de/tools/e-motor/wirkungsgradklassen_elektromotoren.pdf, Abruf: 11.01.2013

EUROPÄISCHES PARLAMENT, RAT (2009): Verordnung (EG) Nr. 443/2009 des Europäischen Parlaments und des Rates vom 23. April 2009 zur Festsetzung von Emissionsnormen für neue Personenkraftwagen im Rahmen des Gesamtkonzepts der Gemeinschaft zur Verringerung der $CO_2$ -Emissionen von Personenkraftwagen und leichten Nutzfahrzeugen (Text von Bedeutung für den EWR), http://eur-lex.europa.eu/LexUriServ/LexUriServ.do?uri=CELEX:32009R0443:DE:NOT, Abruf: 11.01.2013

FRIEDRICH, AXEL; PETERSEN, RUDOLF (2009): Der Beitrag des Elektroautos zum Klimaschutz - Wunsch und Realität, http://www.die-linke-hamburg.de/uploads/media/Gutachten_Elektroautos_Gue-NGL.pdf, Abruf: 11.01.2013

GROTE, KARL-HEINRICH; FELDHUSEN, JÖRG (2011): Dubbel- Taschenbuch für den Maschinenbau, 23. Auf., Berlin: Springer

KLELL, MANFRED (2005): Alternative Kraftstoffe Wasserstoff, http://www.hycenta.tugraz.at/Image/H2_allg_herstlg_MK_web.pdf, Abruf 12.01.2013

KRAFTFAHRBUNDESAMT (2012): Emissionen, Kraftstoffe - Deutschland und seine Länder am 1. Januar 2012, http://www.kba.de/cln_031/nn_269000/DE/Statistik/Fahrzeuge/Bestand/EmissionenKraftstoffe/2012__b__emi__eckdaten__absolut.html, Abruf: 11.01.2013

MEET - MÜNSTER ELECTROCHEMICAL ENERGY TECHNOLOGY (2012): http://www.uni-muen-ster.de/Rektorat/exec/upm.php?rubrik=Alle&neu=1&monat=201211&nummer=16169, Abruf: 13.01.2012

MINISTERIUM FÜR UMWELT, KLIMA UND ENERGIEWIRTSCHAFT BADEN-WÜRTTEMBERG (2012): Infos Energie, http://www.um.baden-wuerttemberg.de/servlet/is/44203/, Abruf: 11.01.2013

NATIONALE PLATTFORM ELEKTROMOBILITÄT (2011): Fortschrittsbericht der Nationalen Plattform Elektromobilität (Zweiter Bericht), http://www.bmbf.de/pubRD/zweiter_bericht_nationale_plattform_elektromobilitaet.pdf, Abruf: 11.01.2013

NATIONALE PLATTFORM ELEKTROMOBILITÄT (2012): Fortschrittsbericht der Nationalen Plattform Elektromobilität (Dritter Bericht), http://www.bmwi.de/BMWi/Redaktion/PDF/Publikationen/fortschrittsbericht-der-nationalen-plattform-elektromobilitaet,property=pdf,bereich=bmwi2012,sprache=de,rwb=true.pdf, Abruf: 11.01.2013

ORGANISATION INTERNATIONAL DES CONSTRUCTEURS D'AUTOMOBILES (2012): Production Statistics 2011, http://oica.net/category/production-statistics/, Abruf: 11.01.2013

ROBERT BOSCH GMBH (2010a): Elektrifizierung des Antriebsstrangs - Systeme für Hybrid-Fahrzeuge, http://www.bosch-kraftfahrzeugtechnik.de/specials/de/sauber_sparsam/pdf/Bosch_Hybrid-Fahrzeuge.pdf, Abruf: 12.01.2013

ROBERT BOSCH GMBH (2010b): Elektrifizierung des Antriebsstrangs - Systeme für Plug-In Hybrid-Fahrzeuge, http://www.bosch-kraftfahrzeugtechnik.de/specials/de/sauber_sparsam/pdf/Bosch_Plug-in_Hybrid-Fahrzeuge.pdf, Abruf: 12.01.2013

ROBERT BOSCH GMBH (2010c): Elektrifizierung des Antriebsstrangs - Systeme für Elektro-Fahrzeuge mit Range Extender, http://www.bosch-kraftfahrzeugtechnik.de/specials/de/sauber_sparsam/pdf/Bosch_Elektro-Fahrzeuge_RangeExtender.pdf, Abruf: 12.01.2013

ROBERT BOSCH GMBH (2010d): Elektrifizierung des Antriebsstrangs - Systeme für Elektro-Fahrzeuge http://www.bosch-kraftfahrzeugtechnik.de/specials/de/sauber_sparsam/pdf/Bosch_Elektro-Fahrzeuge.pdf, Abruf: 12.01.2013

ROLAND BERGER (2011): Zukunftsfeld Elektromobilität - Chancen und Herausforderungen für den deutschen Maschinen und Anlagenbau, http://www.rolandberger.com/media/pdf/Roland_Berger_Zukunftsfeld_Elektromobilita et_rev_20110509.pdf, Abruf: 11.01.2013

SCHILL, WOLF-PETER (2010): Elektromobilität in Deutschland – Chancen, Barrieren und Auswirkungen auf das Elektrizitätssystem, in DIW Vierteljahrshefte zur Wirtschafts-forschung, 79, 2, S. 139–159

TOYOTA MOTOR CORPORATION (2011): Weltweit über drei Millionen Toyota Hybridfahr-zeuge verkauft, http://www.toyota.de/about/news/details_2011_24.tmex, Abruf: 11.01.2013